Uwe Hoßfeld

D N A

Inhaltsverzeichnis

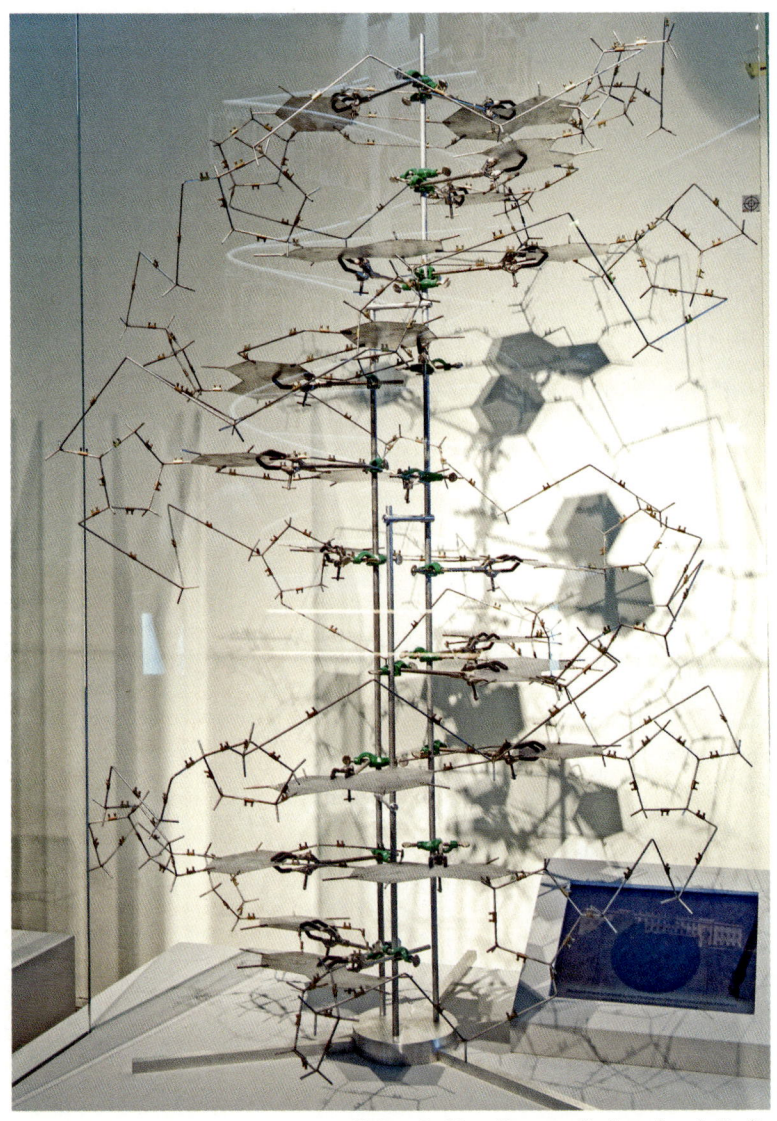

© Hwa Ja Götz, Museum für Naturkunde Berlin

DNA-Modell anlässlich der Ausstellung im Museum für Naturkunde „Entwicklungen – 60 Jahre Entdeckung der DNA-Struktur" vom 23. April 2013 – 6. Januar 2014.

Einleitung

Am 25. April 1953 veröffentlichten die späteren Nobelpreisträger (1962, Nobelpreis für Physiologie und Medizin), der Amerikaner James D. Watson und der Brite Francis H. C. Crick, im Fachjournal *Nature* einen Aufsatz mit dem Titel „Molecular Structure of Nucleic Acids", in dem sie erstmals die Doppelhelix-Form jener Erbinformationen beschrieben, die allen Lebewesen auf der Erde gemeinsam ist. Damit begann eine wissenschaftliche Periode, in der neue biologische Fachgebiete wie die Formal- und Entwicklungsgenetik regelmäßig von sich reden mach(t)en. So

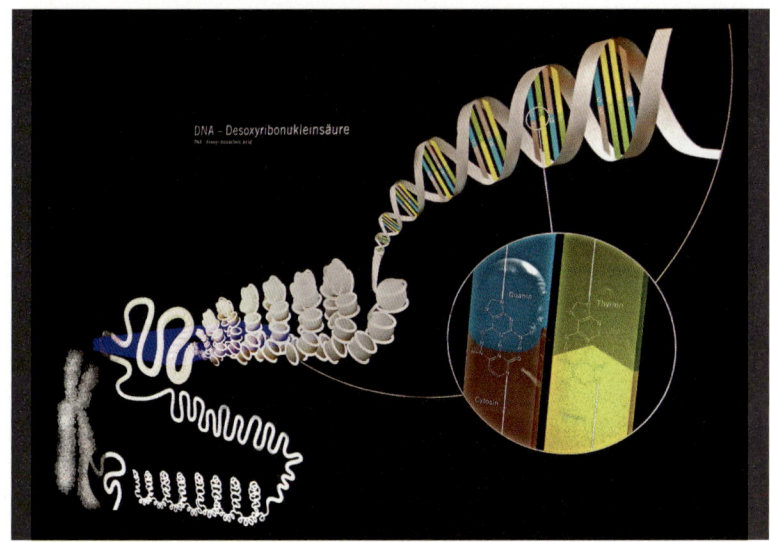

© *Hwa Ja Götz, Museum für Naturkunde Berlin*

DNA-Abbildung anlässlich der Ausstellung im Museum für Naturkunde „Entwicklungen – 60 Jahre Entdeckung der DNA-Struktur" vom 23. April 2013 – 6. Januar 2014.

entdeckte 1956 der amerikanische Zytogenetiker Joe Hin Tijo, dass der menschliche Chromosomensatz in Körperzellen nicht wie bis dato angenommen aus 48, sondern nur aus 46 Chromosomen besteht; fügten 1973 die US-Genetiker Herbert Bayer und Stanley Cohen erstmals mithilfe eines Enzyms ein Stück DNA aus einem Bakterium in das Plasmid (kleines, ringförmiges, doppelsträngiges und extrachromosomales DNA-Molekül) eines anderen ein – das war die Geburtsstunde der Gentechnik. 1996 gelang die Sequenzierung des ersten Genoms (Gesamtheit der Gene) eines Organismus mit Zellkern, der Bierhefe *Saccharomyces cerevisiae*. Im gleichen Jahr wurde das Klonschaf „Dolly" in Schottland geboren, lag im April 2003 nach 13 Jahren Arbeit die vollständige Entzifferung des menschlichen Erbgutes vor und gelang es James D. Watson 2007 zum ersten Mal das Erbgut eines einzelnen Individuums (nämlich sein eigenes Genom) komplett zu sequenzieren und zu veröffentlichen.

Bereits die Ausstellungsmacher im Museum für Naturkunde „Entwicklungen – 60 Jahre Entdeckung der DNA-Struktur" in Berlin stellten 2013 fest, dass es eine Wiederauferstehung der Saurier mittels Klontechnik, wie 1993 im Kino angedeutet, niemals geben wird. Die DNA zerfällt nämlich selbst unter günstigsten Bedingungen nach spätestens 6,8 Millionen Jahren in ihre Einzelteile und die jüngsten Saurierfunde sind mit etwa 65 Millionen Jahren derzeit fast zehnmal so alt.

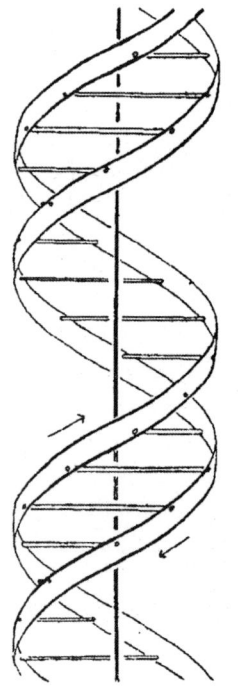

Watson & Crick 1953a, S. 737
Erste Zeichnung zur DNA-Struktur

Auf dem Weg zur DNA: Kurze Geschichte der Genetik

Um 1850 standen bei zahlreichen Naturwissenschaftlern, Theologen und Philosophen Fragen der Artbildung im Mittelpunkt des Interesses. Der wichtigste wissenschaftliche Grund für die Kontroversen über den Evolutionsmechanismus im 19. und beginnenden 20. Jahrhundert war das Fehlen einer zutreffenden Theorie der Vererbung. Es war völlig ungeklärt, wodurch bei der Vererbung etwa Variabilität oder Ähnlichkeit entstanden, ob die erbliche Variabilität überwiegend zufällig und richtungslos, oder ob schon eine bestimmte Richtung vorgegeben war. Auch der böhmische Augustinermönch Johann Gregor Mendel (1822–1884) hatte sich als Priester und Naturwissenschaftler damit beschäftigt. Der Botaniker Carl von Linné (1707–1778) postulierte, dass es in der Natur nur so viele Pflanzen- und Tierarten gebe, wie von Gott geschaffen worden waren. Linné selbst war zunächst auch von der Unveränderlichkeit der Arten überzeugt, verwarf später aber diese Auffassung und anerkannte in seiner Schrift über die Entstehung von Hybriden das Auftauchen neuer Formen durch Kreuzungen als eine den göttlichen Gesetzen fortdauernde Schöpfung.

Ab dem Frühjahr 1854 begann Mendel mit der Auswahl geeigneter Sorten der Gartenerbse (*Pisum sativum*) für seine Kreuzungsversuche, die er regelmäßig bis 1863 im Klostergarten in Brünn (Brno), auf einem Versuchsfeld von 7 × 35 m, durchführte. Es sollten jene Experimente werden, die Mendel zum Begründer der Genetik machten, die Vererbungstheorie revolutionieren und die Evolutionstheorie auf eine neue Basis stellten.

Seiner Theorie zufolge ist jedes Merkmal in einem befruchteten Ei durch zwei (und nur zwei) Faktoren vertreten, von

Apotheose des Entwickelungsgedankens
von
Ernst Haeckel und Gabriel Max.

*Zeichnung von Gabriel von Max und Ernst Haeckel,
Erstes Beiheft zu der Sammlung Wanderbilder, Serie I-III, 1905*

Apotheose des Entwicklungsgedanken.

denen je einer von der Mutter und vom Vater stammt. Über seine Ergebnisse berichtete Mendel schließlich in der klassischen Abhandlung *Versuche über Pflanzen-Hybriden*, vorgelegt in zwei Sitzungen des „Naturforschenden Vereins in Brünn" vom 8. Februar und 8. März 1865. Als Ergebnis seiner Untersuchungen stehen die bis heute gültigen drei Mendelschen Gesetze/Regeln (Uniformitäts-, Spaltungs- und Unabhängigkeitsregel).

Mit diesen Gesetzen/Regeln war Mendel seinen Zeitgenossen weit voraus: er erreichte mit der Darstellung dieser statischen/numerischen Verhältnisse nicht nur eine Quantifizierung und Visualisierung der Merkmalsgenetik, sondern begründete hier auch schon eine frühe Faktorengenetik. Mendel publizierte seine Versuchsergebnisse in der ersten Phase des Darwinismus. Seine Versuchsanordnung war dabei neuartig und entsprach in etwa den Leitlinien, die bis heute gute experimentelle Methodik auszeichnen (Junker & Hoßfeld 2009, Hoßfeld et al. 2015, Simunek et al. 2011).

Nach der Wiederentdeckung der Mendelschen Gesetze um 1900 und deren Verbindung u. a. mit neuen Erkenntnissen über die Struktur der Zellen, des Zellkerns sowie des Zellplasmas entstand innerhalb weniger Jahre die moderne Wissenschaft der Vererbung: die Genetik. In den ersten Jahrzehnten des 20. Jahrhunderts wurde ein Verständnis fast aller Aspekte der Vererbung (Transmissions- und Chromosomengenetik) gewonnen, wobei wichtige frühe Impulse von Thomas Hunt Morgan (1866–1945) und seiner Schule, die mit der Fruchtfliege *Drosophila* experimentierten, ausgingen.

Die weitere schnelle Entwicklung der Genetik wurde dabei von zahlreichen offenen Fragen geprägt. Probleme entstanden u. a., da man vor 1910 angenommen hatte, dass die Merkmale selbst (der Phänotypus) vererbt werden und nicht nur eine bestimmte Anlage (der Genotypus). Unklar war auch, wie die in der Natur zu beobachtende kontinuierliche Variation mit den Mendelschen Faktoren zu erklären war. Eine Lösung wurde möglich, als man erkannte, dass ein einzelnes phäno-

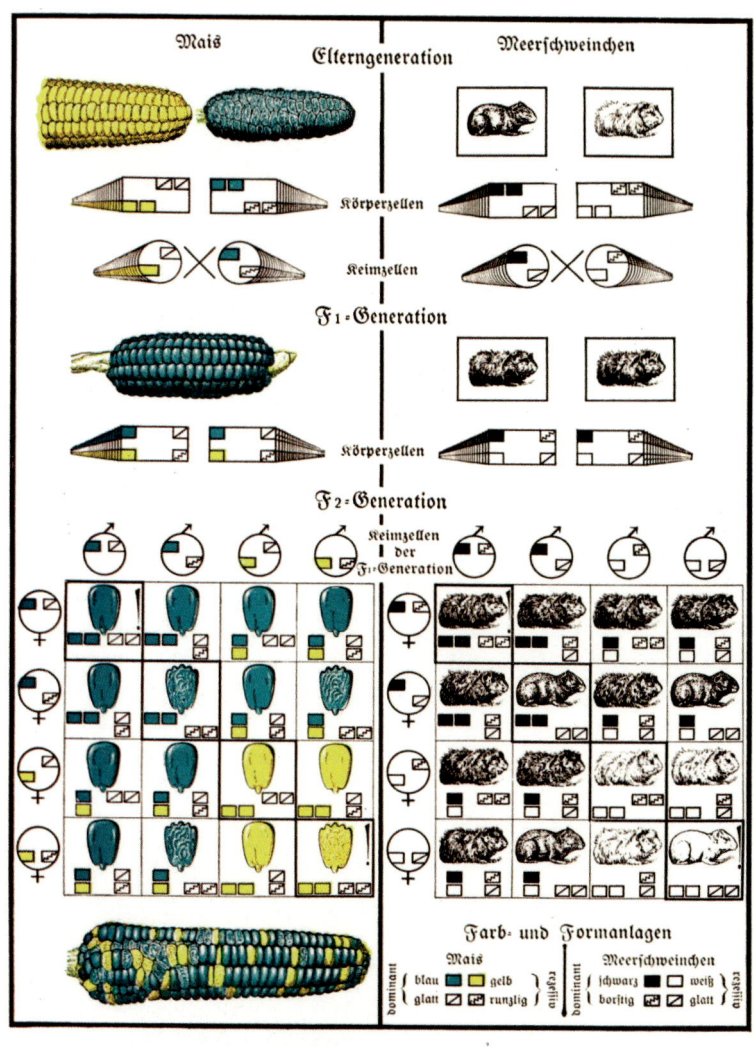

Unabhängigkeitsregel

Bildarchiv AG Biologiedidaktik Jena

Unabhängigkeitsregel.

Mendelianum MZM Brno

DNA-Modell aus Leuchtstoffröhren, Eingangsbereich im Mendelianum in Brno, 2018.

typisches Merkmal von mehreren Genen kontrolliert (multifaktorielle, polygene Vererbung), Genwechselwirkungen zwischen verschiedenen Genorten existieren (Epistase) und ein Gen mehrere Merkmale des Phänotypus beeinflussen kann (Pleiotropie). Die Bezeichnungen „Genotypus" (Gesamtheit aller Gene eines Organismus) und „Phänotypus" (die konkrete Ausprägung eines Individuums) wurden 1909 von Wilhelm Johannsen (1857–1927) eingeführt. Bereits 1888 hatte der Anatom Heinrich Wilhelm Waldeyer (1836–1921) den Begriff „Chromosom" vorgeschlagen.

Ausgabe von Ulk, 1925.

Hier setzt unmittelbar auch die (Vor)Geschichte der Entdeckung der DNA an. Bereits 1869 hatte der Schweizer Mediziner Friedrich Miescher (1844–1895) in einem Extrakt eine aus den Zellkernen der weißen Blutkörperchen (Leukozyten) gewonnene Substanz beschrieben, die er „Nuklein" nannte. Im Jahre 1889 isolierte dann Richard Altmann (1852–1900) aus dem „Nuklein" Proteine (Eiweiße) und begründete den Terminus der „Nukleinsäure", 1896 war es Albrecht Kossel der innerhalb der Nukleinsäure die vier Stickstoffbasen A (Adenin), C (Cytosin), T (Thymin) und G (Guanin) identifizierte. Diese oftmals als „Gen-Alphabet" bezeichnete Tatsache ist vergleichbar mit unserem Alphabet, welches aus 26 Buchstaben besteht. Das Gen-Alphabet dagegen besteht eben nur aus vier Buchstaben und übersetzt die genetische Information in eine Anleitung für den Bau von Eiweißen.

Die zentralsten Forschungen zu diesem Sachverhalt stammten bereits 1919 aus der Feder des amerikanischen Biochemikers Phoebus A. T. Levene (1869–1940), der zwei Nukleinsäuren unterschied, die Ribonukleinsäure (RNA) sowie die Desoxyribonukleinsäure (DNA). Er verifizierte ebenso erstmals den chemischen Aufbau und die Bestandteile der DNA (Base, Zucker und Phosphatrest). Levene bezeichnete die Kombination aus Zucker, Phosphat und Stickstoffbase schließlich als „Nukleotid", sah als Anordnung eine kettenartige Struktur, in welcher die Nukleotide durch die Phosphatreste zusammengefügt waren und sich stetig wiederholten. Es waren dann im Jahre 1937 William Astbury (1898–1961) und seine Mitarbeiterin Florence Bell die erstmals Aufnahmen von DNA-Molekülen (Röntgenbeugungsmuster) publizierten, die auf eine repetitive Struktur der DNA hindeuteten. Parallel dazu gewann die Drosophila-Genetik unter Thomas H. Morgan an Fahrt, rückten durch Hermann J. Muller (1890–1967), Wendall M. Stanley (1904–1971) u. a. nunmehr Bakterien, Viren und Phagen als Versuchsobjekte in das Zentrum der Aufmerksamkeit der Genetiker (Nickelsen 2017). Im Jahre 1943 gelang es dem Immunochemiker Oswald Avery (1877–1955) und Mitarbeitern, nachzuweisen, dass die Transformation von Bakterien („transformierendes Prinzip"), also die Weitergabe erblicher Information von einem Bakterien-Stamm auf einen anderen, auf der Übertragung von DNA beruhte. Dies widersprach der damals weithin verbreiteten Annahme, dass nicht die DNA, sondern eben Proteine die Träger der Erbinformation seien. Einige Jahre später (1952) wiesen dann Alfred Hershey (1908–1997) und Martha Chase (1927–2003) nach, dass die DNA ebenso Erbinformation des T2-Phagen enthielt, also eine Übertragung von einem T2-Phagen auf ein Bakterium DNA transferierte; eine Bestätigung von Avery's These. Den strukturellen Aufbau der DNA zu entschlüsseln und in einem Modell nachzubilden, war letztlich James Watson und Francis Crick am 28. Februar 1953 vorbehalten.

Maurice Wilkins (1916–2004) und Rosalind Franklin (1920–1958) waren bei ihren Strukturuntersuchungen mittels Röntgenbeugung bereits zu ähnlichen Erkenntnissen gelangt, hatten diese aber noch nicht publiziert.

Die Publikation von 1953

Als Watson im Jahre 1952 Maurice Wilkins am King's College in London besuchte, zeigte ihm dieser DNA-Röntgenaufnahmen seiner Mitarbeiterin Rosalind Franklin: „Dazu gehörte eine kristallklare Aufnahme der B-Form der DNA vom März 1952, die als Photographie Nr. 51 berühmt wurde" (Nickelsen 2017, S. 54). Es ist überliefert, dass Franklin mit Hilfe einer aufgebogenen Büroklammer diese ersten Erbgut-Fädchen aus einer DNA-Suppe fischte und sie dann in getrockneter Form vor einer

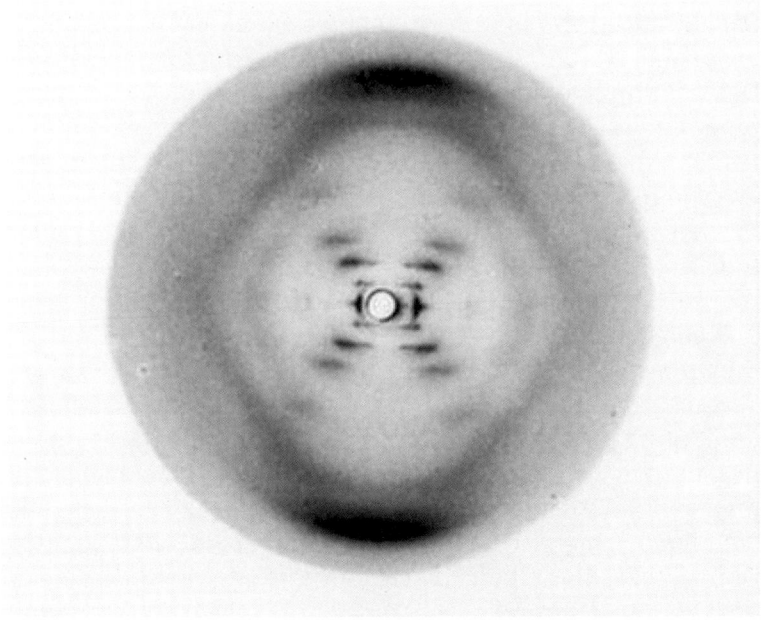

© Franklin & Gosling 1953, S. 740

Das berühmte Foto 51.

speziellen Röntgenkamera fixierte. Nach 50 Fehlversuchen entstand schließlich das unter Wissenschaftlern berühmte „Photo 51", das erstmals DNA in hoher Qualität darstellte, allerdings nur zweidimensional.

Watson sah bei dieser Abbildung sofort, dass es sich bei dem Molekül um eine *Doppel*-Helix handeln musste; Franklin selbst hatte ebenso das Vorhandensein einer Helix vermutet, jedoch diesen Ansatz nicht weiterverfolgt. Mit Hilfe eines theoretischen Chemikers, Jerry Donohue (1920–1985), fanden sie die Lösung: jeder Doppelring-Base war immer ein einfacher Ring zugeordnet, d. h. die Base Adenin passte zu Thymin und Cytosin zu Guanin. Diese Basenpaare wurden durch Wasserstoffbrückenbindungen stabil gehalten. Die Grundlagen für ihr Modell lagen damit vor und so entwickelten sie am Cavendish-Laboratorium der Universität Cambridge ihr bekanntes Doppelhelix-Modell der DNA mit den Basenpaaren in der Mitte, das am 25. April 1953 in *Nature* erstmals auf einer knappen Seite vorgestellt wurde. „Wir möchten eine Struktur für das Salz der Desoxiribonukleinsäure (D. N. A.) vorschlagen. Diese Struktur hat neue Eigenarten von beachtlichem biologischem Interesse" – heißt es in den einleitenden Worten. Es folgte eine knappe Beschreibung der eigenen Forschungsergebnisse mit Verweis auf die Vorarbeiten weiterer Autoren. Am Ende notierten sie: „Es ist unserer Aufmerksamkeit nicht entgangen, dass die spezifische Paarung, die wir hier vorschlagen, unmittelbar auf einen möglichen Vervielfältigungsmechanismus für das Erbgut schließen lässt" (Watson & Crick 1953a, S. 737). Dieser Satz fasste den zentralen Kern ihrer Entdeckung zusammen: jeder Strang der Doppelhelix war ein komplementäres Abbild des anderen. Im Beitrag findet sich dann auch eine erste schematische Darstellung der Doppelhelix, „einer Skizze, die Cricks Frau Odile, angefertigt hatte: die erste bildliche Darstellung der Doppelhelix, die seither ikonischen Status gewann" (Nickelsen 2017, S. 60). Einen Monat später folgte noch ein zweiter Beitrag der beiden Autoren zum Thema „Genetical Implications of the Structure of Deoxyribonucleic Acid" (Watson & Crick 1953b).

Besagter Beitrag von Watson und Crick in der *Nature*-Ausgabe wurde dabei von zwei weiteren aus dem King's College flankiert, den Artikeln von Wilkins, Stokes und Wilson sowie von Franklin und Gosling (Crick 1974; Watson 1997, 2003):

- Watson J. D. & F. H. C. Crick (1953): Molecular Structure of Nucleic Acids: A Structure for Deoxyribose Nucleic Acid. Nature 171 (4356): 737–738.
- Wilkins, M. H. F.; A. R. Stokes & H. R. Wilson (1953): Molecular Structure of Nucleic Acids: Molecular Structure of Deoxypentose Nucleic Acids. Nature 171 (4356): 738–740.
- Franklin, R. & R. G. Gosling (1953): Molecular Configuration in Sodium Thymonucleate. Nature 171 (4356): 740–741.

Im Jahre 1962 erhielten F. H. C. Crick, J. D. Watson und M. H. F. Wilkins in Stockholm den Nobelpreis für Physiologie und Medizin verliehen, „für ihre Entdeckungen zur molekularen Struktur der Nukleinsäuren und zu ihrer Bedeutung für die Weitergabe von Informationen in lebender Substanz."

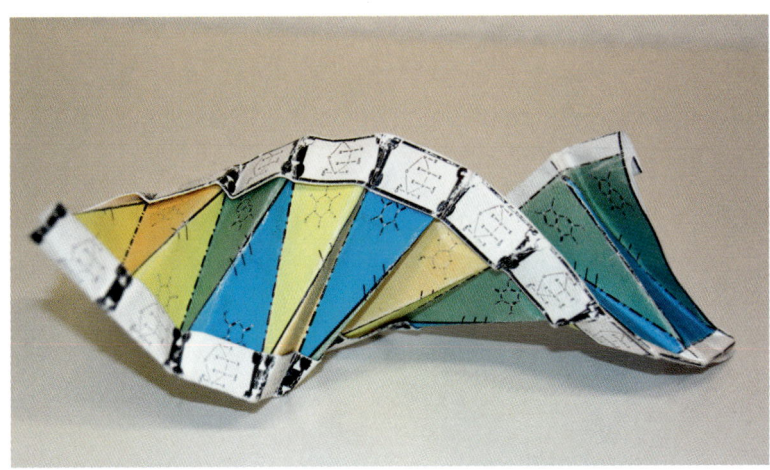

© *Sammlung AG Biologiedidaktik Jena*

Selbstgebasteltes DNA-Modell.

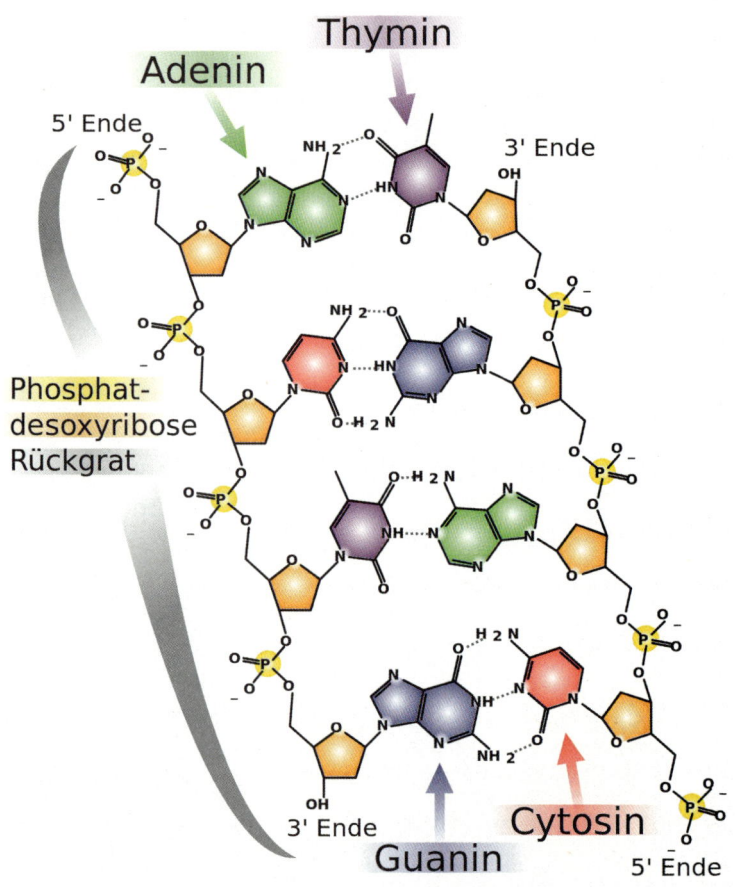

Adenin

Thymin

5' Ende

3' Ende

Phosphat-
desoxyribose
Rückgrat

3' Ende

Cytosin

Guanin

5' Ende

Strukturformel eines DNA-Ausschnittes.

Funktion und Struktur der Erbinformation

DNA als Träger der Erbinformation

Die Desoxyribonukleinsäure (kurz DNS; Englisch DNA für deoxyribonucleic acid) ist eine Nukleinsäure (hochpolymere Verbindung, die fadenförmige Makromoleküle bildet), die sich als Polynukleotid aus einer Kette von vielen Nukleotiden (Bausteine von Nukleinsäuren) zusammensetzt – d.h. die Bausteine sind ein Phosphorsäurerest, der Zucker Desoxyribose sowie die organischen Basen Adenin, Thymin, Guanin und Cytosin. Das Wort setzt sich aus des- (englisch: de-), den ersten beiden Silben von Oxygenium (Sauerstoff), den ersten beiden Silben von Ribose (siehe Desoxyribose) und Nukleinsäure zusammen. Die Struktur der DNA wird durch die bestimmte Aufeinanderfolge von Phosphorsäurerest, Desoxyribose und Base festgelegt. Im Normalzustand ist die DNA in Form einer Doppelhelix aufgebaut. Das in den Chromosomen befindliche Biomolekül ist bei allen Lebewesen (und bei vielen Viren) der zentrale Träger der Erbinformation, also die materielle Basis der Gene.

Diese Gene in der DNA enthalten die Information für die Herstellung der Ribonukleinsäuren (RNA, deutsch RNS = Ribonukleinsäure). Dieses Makromolekül besteht aus einem Phosphorsäurerest, dem Zucker Ribose sowie den organischen Basen Adenin, Thymin, Guanin und Cytosin. Die RNA (RNS) kommt meist als Einzelstrang vor. Eine wichtige Gruppe von RNA, die mRNA (messenger RNA), enthält wiederum die Information für den Bau der Eiweiße (Proteine), die für die biologische Entwicklung eines Lebewesens und den Stoffwechsel in der Zelle zentrale Bedeutung besitzen. Ihre einzige Aufgabe besteht darin, Informationen in die Mitochondrien zu tragen, um dort ein bestimmtes Protein zu erzeugen. Danach stirbt diese bestimmte RNS wieder ab und wird erneut gebildet, wenn wieder ein bestimmtes Protein benötigt wird. Die Entstehung dieser RNS wird in der Fachsprache als „kodieren" bezeichnet. Derartige Prozesse laufen zu Hunderttausenden ununterbrochen im menschlichen Organismus ab, so dass sich die Doppelhelix/die DNA in den Zellen immer wieder teilen muss, wobei so ständig neue Doppelstränge in unterschiedlichen Zusammensetzungen gebildet werden, die jeweils wieder für ein bestimmtes Protein kodieren.

Chemische Zusammensetzung

Jedes Chromosom (Bestandteil von Zellen, auf denen Erbinformationen gespeichert sind) besteht aus einem einzelnen, einige Zentimeter langen DNA-Faden und verschiedenen Proteinen (so genannten Histonen), um welche die DNA gewickelt ist. Die DNA ist das Material, die chemische Substanz, aus dem also die Gene aufgebaut sind. Dieser DNA-Faden besteht in der Regel aus zwei parallel verlaufenden Strängen, die sich in gleichen Abständen umeinander winden, weshalb man von einer Doppelhelix spricht. Die einzelnen Teile dieses Gerüstes werden durch eine Zucker-Phosphat-Kette gebildet, wobei sich Zucker (Desoxyribose) und eine Phosphatgruppe abwechseln.
   Die Basen der Nukleotide zweier Polynukleotidmoleküle können dabei eine chemische Bindung miteinander eingehen (Basenpaarung), wobei sich stets Adenin mit Thymin sowie Cytosin mit Guanin verbindet (Watson-Crick-Modell). Diese vier Bausteine A, C, T und G bilden sozusagen das „Alphabet der Gene". In den letzten Jahren hat man herausgefunden, dass über 98 % der DNA anscheinend keinerlei Information enthält und dieses Phänomen als Abfall-DNA („Junk-DNA") bezeichnet. Dennoch konnte man nachweisen, dass diese „unnütze DNA" wichtige biologische Funktionen bei der Hemmung von Genen in der embryonalen Entwicklung übernimmt. Wie viele Gene der Mensch besitzt, wissen wir seit dem „Human Genome Pro-

Modell der DNA-Basenpaarung aus Holz.

ject" (HGP), wo über einen Zeitraum von dreizehn Jahren fast 2800 Forscherinnen und Forscher in weltweit 20 Forschungszentren damit beschäftigt waren, die mehr als drei Milliarden Bausteine des Menschen zu entziffern.

DNA-Konfiguration

Die DNA-Helices können in verschiedenen Konfigurationen vorkommen, die von der Basenfolge und den Ionenbedingungen im Lösungsmittel abhängen. Die 1953 von Watson und Crick vorgeschlagene Konformation wird als „B-Konfiguration (Konformation)" bezeichnet. Daneben gibt es alternativ noch die „A- und Z-Konfiguration (Konformation)" (Graw 2010, S. 21).

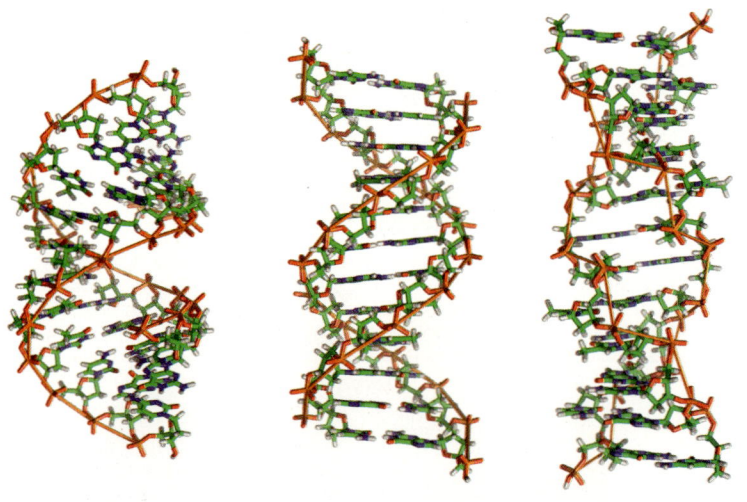

https://upload.wikimedia.org/wikipedia/commons/b/b1/A-DNA%2C_B-DNA_and_Z-DNA.png

Von links nach rechts: Strukturmodelle der A-, B- und Z-DNA mit jeweils 12 Basenpaaren.

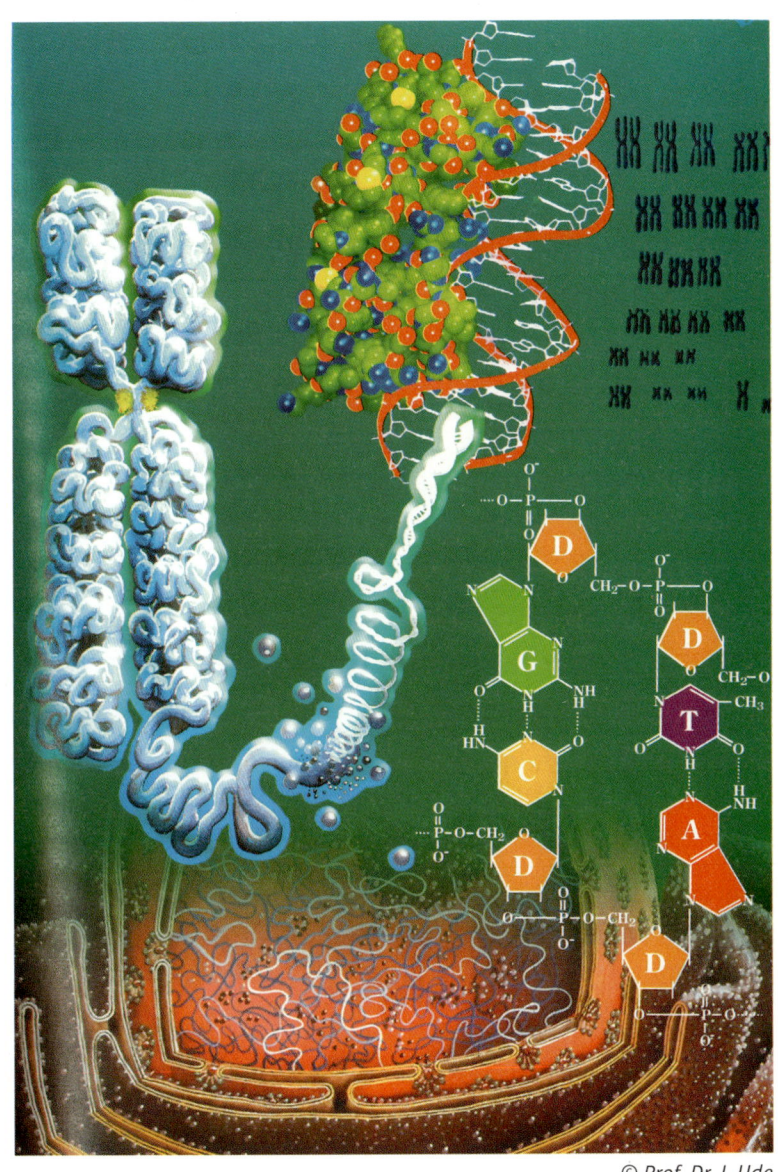

Chromosom und DNA. In: J. Ude & M. Koch (1994): Die Zelle. Atlas der Ultra-struktur. Jena, Gustav Fischer, S. 50.

Verdopplung der DNA

Die identische Replikation (identische Reduplikation) wird als die Verdopplung der DNA (DNS) bezeichnet. Dabei wird ein DNA-Doppelstrang (Elternstrang) mithilfe von Enzymen in zwei Einzelstränge, die als Matrizen (Grundlage) für die Bildung neuer Doppelstränge mittels komplementärer Basenpaarung dienen, aufgespalten.

Der genetische Code (Transkription, Translation)

Ein Gen ist die spezifische Information auf dem einzelnen DNA-Strang. Diese Information wird für den Aufbau von Proteinen verwendet, wobei diese im Körperkreislauf u. a. bestimmte chemische Verbindungen (wie z. B. das Hämoglobin) transportieren. Der Schritt vom Gen zum Protein ist aufgeteilt in zwei Prozesse, die Transkription und die Translation. In einem ersten Schritt wird die genetische Information der DNA in die RNA überschrieben. Dieser Vorgang heißt Transkription. Die Transkription geschieht im Zellkern und wird vom Enzym RNA-Polymerase durchgeführt. Dabei bewegt sich die RNA-Polymerase auf dem DNA-Strang entlang und kopiert die DNA-Information in die RNA. Als Resultat dieses Vorgangs entsteht ein Faden mit so genannter mRNA (Boten-RNA). Aus der

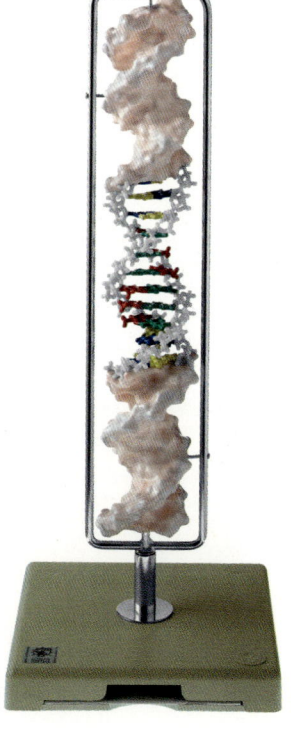

© *SOMSO-Modelle, Coburg/Sonneberg*

Modell der DNA-Doppelhelix (Typ B-DNA).

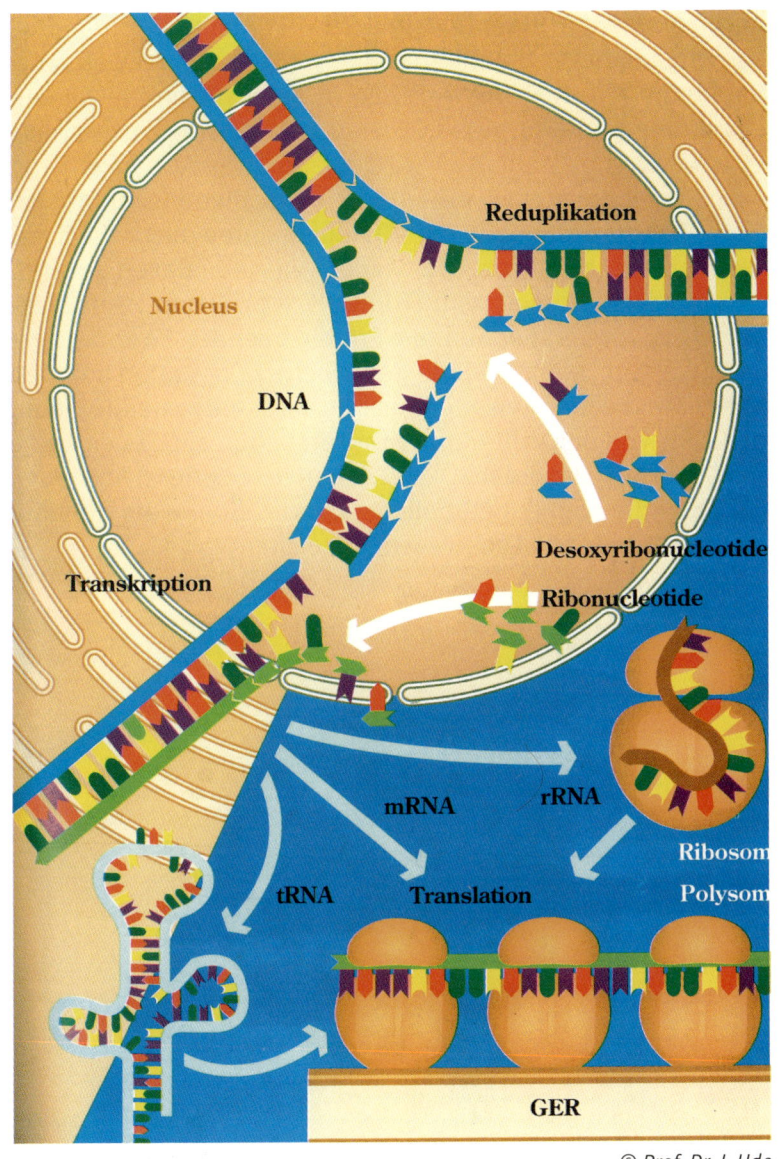

Kern und Nukleinsäuren. In: J. Ude & M. Koch (1994): Die Zelle. Atlas der Ultrastruktur. Jena, Gustav Fischer, S. 52.

mRNA entsteht in einem zweiten Schritt dann ein Protein. Dieser Vorgang heißt Translation. Hier werden dann jeweils drei Bausteine auf dem mRNA-Faden in eine bestimmte Aminosäure umgewandelt. Aus CGG wird zum Beispiel Alanin, aus CUU wird Leucin, aus AGA wird Arginin, aus AGC wird Serin usw. Am Aufbau der Eiweiße sind 20 verschiedene Aminosäuren beteiligt, wobei jede der 20 Aminosäuren durch die Kombination von jeweils drei der vier organischen Basen der DNA (sog. Codons) codiert wird (Triplett-Code). Damit ist der Entstehungsprozess vom Gen zum Protein beendet. So konnte gezeigt werden, wie bspw. die genetische Information von den Eltern auf die Kinder weitergegeben wird, indem je die Hälfte der Gene von der Mutter und vom Vater eben auf das einzelne Kind übertragen werden. Dieser genetische Code ist universell (vgl. hier die sog. Codetabellen = „Code"-Sonne als Hilfsmittel) und gilt für alle Lebewesen in gleicher Weise.

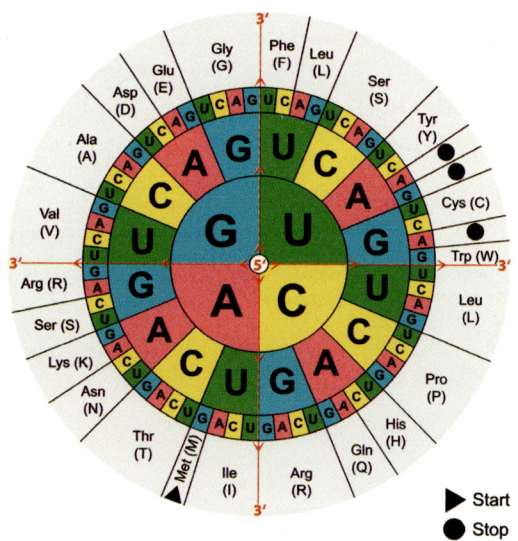

Code-Sonne.

DNA-Revolution

Als Darwin im Jahre 1859 seine bahnbrechenden Theorien auf den Weg brachte, war auch ihm klar, dass zu Beginn ein „erstes Leben" existiert haben musste. Der letzte Satz in Darwins Werk *Origin of Species* liest sich auch noch heute daher wie eine Antwort auf die Kreationisten und Anhänger der ID-Bewegung (Intelligent Design), die am wörtlichen Verständnis der Schöpfungsgeschichte des Alten Testaments festhalten. Es sei doch eine erhabene Idee, so schließt Darwin, „dass der Schöpfer den Keim alles Lebens, das uns umgibt, nur wenigen oder gar nur einer einzigen Form eingehaucht hat und dass [...] aus einem so schlichten Anfang eine unendliche Zahl der schönsten und wunderbarsten Formen entstand und noch weiter entsteht" (Darwin 1984, S. 538).

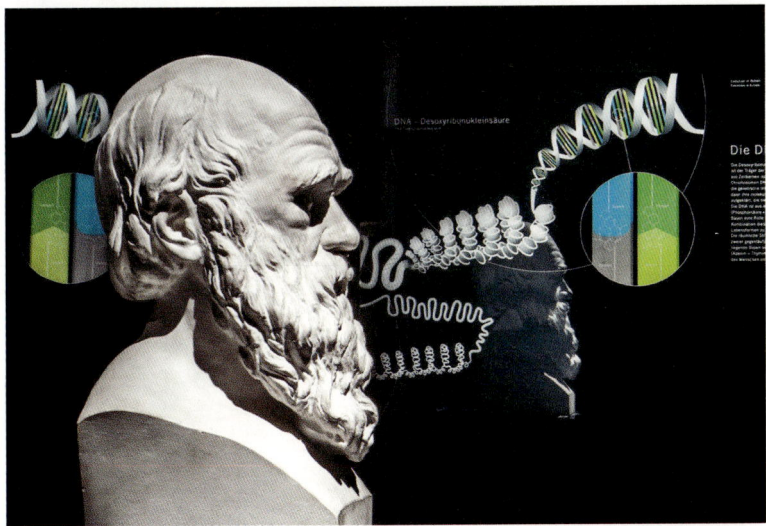

© Hwa Ja Götz, Museum für Naturkunde Berlin

DNA-Darwin-Abbildung anlässlich der Ausstellung im Museum für Naturkunde „Entwicklungen – 60 Jahre Entdeckung der DNA-Struktur" vom 23. April 2013 – 6. Januar 2014.

Diese Aussage gilt durch die Arbeit der Genetiker, Molekular-biologen u. a. im 21. Jahrhundert als gesichert. Die Entdeckung der DNA und damit in der Folge die Entschlüsselung des gene-tischen Codes unzähliger Lebewesen belegen, dass das Leben, wie wir es derzeit auf der Erde vorfinden, nur ein einziges Mal ent-standen ist. Alle heute auf dem Planeten Erde lebenden Organis-men stammen ohne Zweifel von einer einzigen Ahnenform ab. Damit war und ist nunmehr auch eine enge fachliche Verzahnung von Evolutionsbiologie, Genetik und Molekularbiologie gegeben: „Zwar hat die synthetische Theorie der Evolution nicht alle Pro-bleme gelöst, doch hat sie wenigstens eine einheitliche Front ge-schaffen" (Mayr 1984). Der Aufsehen erregendste Befund in der Genese der Genetik war in der Mitte des 20. Jahrhunderts dabei die Entdeckung der DNA und die damit verbundene Möglichkeit, den genetischen Code zu entschlüsseln, besser zu verstehen.

© *Hwa Ja Götz, Museum für Naturkunde Berlin*

Mensch, Medizin und Forensik. Ausstellung im Museum für Naturkunde „Entwicklungen – 60 Jahre Entdeckung der DNA-Struktur" vom 23. April 2013 – 6. Januar 2014.

Über 65 Jahre ist das nun her und Genforschung/Gentherapie sind selbstverständlich geworden. Mittlerweile sind aber auch Bezeichnungen wie die „DNA-Revolution" im Sprachgebrauch angekommen. Seit einigen Jahren gibt es nun eine neue Methode – CRISPR-Cas9 (Clustered Regularly Interspaced Short Palindromic Repeats) – die es Wissenschaftlern ermöglicht, Erbinformationen nahezu jedes Lebewesens mittels einer „Genschere" schnell und präzise zu editieren/auszuschneiden (Doudna & Charpentier 2014). Dafür schneiden sie einzelne DNA-Stücke heraus, fügen andere ein oder ordnen die Sequenzen um. Die Methode ist so einfach, dass Experten von einem „biologischen Textverarbeitungsprogramm" sprechen,

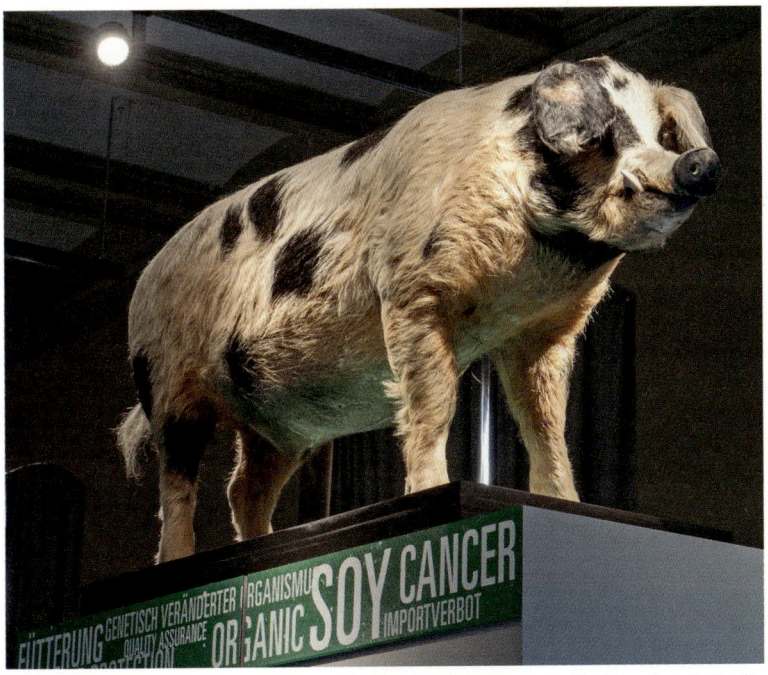

© Hwa Ja Götz, Museum für Naturkunde Berlin

Zuchteber. Ausstellung im Museum für Naturkunde „Entwicklungen – 60 Jahre Entdeckung der DNA-Struktur" vom 23. April 2013 – 6. Januar 2014.

das es sogar erlaubt, „Tippfehler in einem Text zu korrigieren und Absätze umzustellen". Fachleute sind dabei der Meinung, dass keine wissenschaftliche Entdeckung in den vergangenen hundert Jahren einen größeren Nutzen für die Menschheit verspricht als CRISPR-Cas9. Damit einhergehen auch ernste, ethische Fragen und Zweifel an dieser Methode: „Am deutlichsten wird das bei der möglichen Anwendung von CRISPR-Cas9 zur Veränderung der Keimbahn eines menschlichen Embryos; der Ei- und Samenzellen, deren genetisches Material an die nächste Generation weitergegeben wird. Denn damit greift man nicht nur in das Erbgut eines einzelnen Menschen ein, sondern auch in jenes seiner Nachkommen. Das kann erwünscht sein, wenn es darum geht, einen genetischen Defekt zu heilen. Man könnte auf diese Weise aber unsere Spezies auch mit neuen genetischen Eigenschaften ausstatten – könnte die Körpergröße erhöhen oder eine neue Augenfarbe erschaffen. Die Folgen derartiger Eingriffe sind nicht abzuschätzen" (Specter 2016).

Bereits 1975 trafen sich wegen solcher ethischen Fragen schon Genetiker und Molekularbiologen aus der ganzen Welt in den USA, um über Chancen und Risiken der DNA-Rekombination zu diskutieren und mögliche Kontrollmechanismen einzusetzen („Konferenz von Asilomar"). Am Ende wurden vorsorglich Grundregeln für den sicheren Umgang mit gentechnisch veränderten Organismen festgelegt. Vom National Institute of Health (NIH) sind diese Richtlinien seit 1976 als verbindlich anerkannt (NIH-Richtlinien) und in den Folgejahren von zahlreichen Ländern, unter anderem auch von der Bundesrepublik Deutschland, übernommen worden.

Da in der Gentechnik in den letzten zwanzig Jahren enorme Fortschritte erzielt wurden, wirft diese Technik aber natürlich auch stets neue Fragen auf. Darf der Mensch überhaupt in das Erbgut von Bakterien, Pflanzen und Tieren oder zu therapeutischen Zwecken sogar ins menschliche Keimgut eingreifen? Wie geht der Staat mit den anfallenden genetischen Daten seiner Bürger um? Wenn diese neue Technik dem Menschen hilft, verschiedene Krankheiten zu besiegen, dann sollten diese Chancen den Risiken gegenübergestellt werden. Jedes Land muss dann für sich entscheiden, was erlaubt sein soll und wo die Grenzen zu ziehen sind. Mit fortschreitender Technik sollten aber regelmäßig und in kurzen Abständen die Chancen und Risiken immer wieder neu abgewogen werden.

Ebenso verspricht die seit jüngerer Zeit ebenfalls aufgekommene neue Forschungsrichtung – die Epigenetik (molekulare Mechanismen, die zu einem stärkeren oder schwächeren Ablesen von Genen führen, ohne dass die dort gespeicherte Information verändert wird) – neue wissenschaftliche Ergebnisse. Das dabei auch an Jahrzehnte alten Grundkonzepten „gerüttelt" wird, zeigten unlängst die Forschungen von Daniel Christ u. a. (Garvan Institute of Medical Research in Sydney), die entdeckten, dass die DNA in den Zellen auch anders ange-

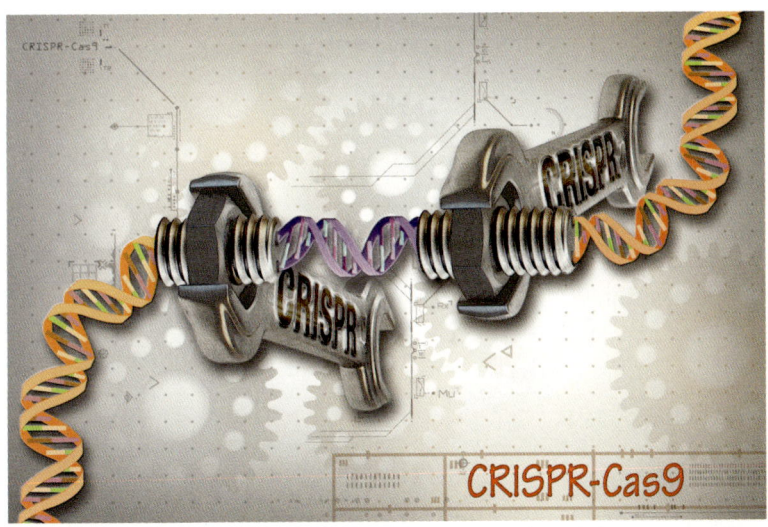

CRISPR-Cas9 ist ein anpassbares Werkzeug, mit dem Wissenschaftler kleine DNA-Stücke an präzisen Stellen entlang eines DNA-Strangs schneiden und einsetzen können.

ordnet sein kann, als es bisher „klassisch" bekannt war und zwar in Form eines molekularen Knotens. Solche Knoten oder i-Motive (das „i" steht für interkalierend = Einlagerung von Molekülen) entstehen offensichtlich am Ende der G1-Phase des Zellzyklus, wenn die Proteinbiosynthese in Vorbereitung auf die Zellteilung auf Hochtouren läuft (Zeraati et al. 2018).

All das konnten Gregor Mendel, Charles Darwin, Ernst Haeckel und andere Naturforscher vergangener Jahrhunderte natürlich nicht wissen. Was hätten sie gesagt, wenn sie gehört hätten, dass das menschliche Genom mit dem des Schimpansen zu 98,7 %, mit dem der Banane sogar zu 50 % übereinstimmt? Fasziniert wären sie allemal gewesen, von den kleinsten Strukturen, die tief im Inneren der Zellen im mikroskopisch kleinen Kern, das wertvollste Material unseres Körpers aufbewahren: „Würde man die Informationsmenge, die hier [in der menschlichen DNA] enthalten ist, in Taschenbücher zu je 160 Seiten schreiben, so benötigte man dafür

HITS Heidelberger Institut für Theoretische Studien

„Bananen-DNA".

fast 12.000 Exemplare. Der gesamte menschliche DNA-Bauplan besteht aus 6,54 Milliarden genetischen Buchstaben, das entspricht einem 780 MB großen Textdokument (1 gen. Buchstabe = 1 Bit). Wollte man diese Buchstaben mit einer Schreibmaschine in eine einzige Zeile schreiben, so würde die Buchstabenkette vom Nordpol bis zum Äquator reichen. Wenn eine gute Sekretärin mit 300 Anschlägen pro Minute an 220 Arbeitstagen pro Jahr mit je acht Arbeitsstunden ununterbrochen daran schreiben würde, so reicht ihr gesamtes Berufsleben nicht aus, um diese Buchstabenmenge auch nur zu tippen. Sie wäre nämlich 95 Jahre damit beschäftigt! All diese Information befindet sich auf einem gestreckten DNA-Faden von nur 1,80 m Länge, und dass in jeder einzelnen der 25 Billionen Zellen des menschlichen Körpers. Dies ist die höchste uns bekannte Speicherdichte, von der sämtliche Computerspeicher um Zehnerpotenzen entfernt sind. [...] Inzwischen ist es sogar möglich, mehr als die dreifache Menge an Daten (2,2 Petabyte) in dieser winzigen Menge DNA zu speichern" (https://www.was-darwin-nicht-wusste.de/wunder/mensch.html).

Neben diesen statistischen Zahlenspielen überraschen aber auch immer wieder die aktuellen Forschungsergebnisse bspw. beim Sequenzieren prähistorischer DNA. So konnte 2018 mit dem Knochenfragment Denisova 11 aus der Denisova-Höhle (Altai-Gebirge, Rußland), das einem Mädchen zugeordnet wird, nachgewiesen werden, dass deren Mutter ein Neandertaler und der Vater ein Denisovaner gewesen war. Damit gelang es auch, mittels dieser DNA den Beweis für eine F1-Generation (Mendel) zu erbringen. Das Ergebnis lässt vermuten, dass diese beiden Hominiden-Populationen viel häufiger als bisher bekannt, Kinder gezeugt haben (Slon et al. 2018). Ein Jahr zuvor war es hingegen Forschern gelungen, die Familie der Menschenaffen mit der Identifizierung des Tapanuli-Orang-Utan (*Pongo tapanuliensis*) um ein Mitglied zu erweitern. Sie stellten anhand von DNA-Tests sowie der Anatomie der Tiere fest, dass

Frontalansicht von *Pongo tapanuliensis*.

diese in abgeschiedenen „Tapanuli-Distrikten" auf Sumatra in Indonesien lebenden Primaten eine eigene Spezies darstellen. Bereits im Jahr 1997 waren diese Affen entdeckt worden. Man hatte sie jedoch für Sumatra-Orang-Utans gehalten – neben den Borneo-Orang-Utans – die zweite Orang-Utan-Art, von denen sie sich jedoch bereits vor 647.000 Jahren abspalteten. Der Bestand an *Pongo tapanuliensis*-Vertretern wird derzeit auf ca. 800 Tiere geschätzt (Nater et al. 2017).

Literatur

Avery, O.; C. MacLeod, M. McCarty (1944): Studies on the chemical nature of the substance inducing transformation of pneumococcal types. Inductions of transformation by a desoxyribonucleic acid fraction isolated from pneumococcus type III. J Exp Med 79: 137–158.

Crick, F. (1974): The double helix: a personal view. Nature 248: 766–769.

Darwin, Ch. (1984): Die Entstehung der Arten durch natürliche Zuchtwahl. Leipzig: Reclam.

Doudna, J. & E. Charpentier (2014): The new frontier of genome engineering with CRISPR-Cas9. Science 346 (6213): 1077.

Graw, J. (2010): Genetik. Heidelberg: Springer.

Hershey, A. & M. Chase (1952): Independent functions of viral protein and nucleic acid in growth of bacteriophage. J Gen Physiol. 36: 39–56.

Hoßfeld, U.; M. Simunek & G. S. Levit (2015): Der Mönch und sein Werk: 150 Jahre Mendel. Biologie in unserer Zeit 45 (6): 396–400.

Junker, T. & U. Hoßfeld (2009): Die Entdeckung der Evolution. Eine revolutionäre Theorie und ihre Geschichte. Darmstadt: WBG.

Levene, P. (1919): The structure of yeast nucleic acid. J Biol Chem. 40: 415–424.

Mayr, E. (1984): Die Entwicklung der biologischen Gedankenwelt: Vielfalt, Evolution und Vererbung. Berlin: Springer.

Nater, A.; M. P. Mattle-Greminger et al. (2017): Morphometric, Behavioral, and Genomic Evidence for a New Orangutan Species. Current Biology 27 (22): P3487−3498.

Nickelsen K. [Hg.] (2017): Die Entdeckung der Doppelhelix. Die grundlegenden Arbeiten von Watson, Crick und anderen. Heidelberg: Springer Spektrum.

Simunek, M.; U. Hoßfeld & V. Wissemann (2011): 'Rediscovery' Revised − the co-operation of Erich and Armin von Tschermak-Seysenegg in the context of the 'rediscovery' of Mendel's Laws in 1899−1901. Plant Biology 13 (6): 835−841.

Slon, V.; F. Mafessoni et al. (2018): The genome of the offspring of a Neanderthal mother and a Denisovan father. Nature 561: 113−116.

Specter, M. (2016): Erbgut: Die DNA-Revolution. National Geographic, Heft 8, S. 76−101.

Watson, J. D. & F. H. C. Crick (1953a): Molecular Structure of Nucleic Acids: A Structure for Deoxyribose Nucleic Acid. Nature 171: 737−738.

Watson, J. D. & F. H. C. Crick (1953b): Genetical Implications of the Structure of Deoxyribonucleic Acid. Nature 171: 964−967.

Watson, J. D. (1997): Die Doppelhelix. Reinbek: Rowohlt.

Watson, J. D. (2003): Gene, Girls und Gamow. Erinnerungen eines Genies. München: Piper.

Zeraati, M.; David B. Langley et al. (2018): I-motif DNA structures are formed in the nuclei of human cells. Nature Chemistry 10: 631−637.